NOTICE

SUR

L'INVENTION DE L'ÉCLAIRAGE

PAR LE GAZ HYDROGÈNE CARBONÉ

Et sur Philippe Lebon d'Humbersin, inventeur,

PAR M. GAUDRY,

Ancien bâtonnier de l'ordre des avocats à la Cour impériale de Paris.

<hr>

PARIS

TYPOGRAPHIE HENNUYER, RUE DU BOULEVARD, 7. BATIGNOLLES.
Boulevard extérieur de Paris.

1856

NOTICE

SUR

L'INVENTION DE L'ÉCLAIRAGE

PAR LE GAZ HYDROGÈNE CARBONÉ

Et sur Philippe Lebon d'Humbersin, inventeur,

PAR M. GAUDRY,

Ancien bâtonnier de l'ordre des avocats à la Cour impériale de Paris.

L'éclairage par le gaz hydrogène carboné est l'une de plus belles découvertes de notre âge. Elle a donné un nouvel aspect à nos villes, contribue à leur sécurité; elle ajoute à l'éclat de nos fêtes et de nos théâtres ; elle est pour des Compagnies puissantes le principe d'immenses bénéfices. Cependant l'inventeur est mort pauvre, et la gloire de l'invention a presque été ravie à sa famille et à son pays. Neveu de Philippe Lebon, témoin dans notre enfance de ses travaux, et dépositaire de toutes les pièces de sa famille, il nous a semblé qu'il serait utile pour la science, et d'un grand intérêt pour tous les lecteurs, de faire connaître avec précision l'inventeur et l'historique de son invention.

Dans le cours du siècle dernier, on avait découvert la propriété inflammable du gaz hydrogène, que Cavendish nomma, en 1774, gaz inflammable; mais personne n'avait eu la pensée d'utiliser le gaz qui se développait par la distillation des matières combustibles, de manière à obtenir de l'hydrogène carboné assez purifié pour l'employer à l'éclairage, en même temps que l'on recueillerait le goudron et les acides qui se forment pendant l'opération.

En l'an VII, un ingénieur des ponts et chaussées de Paris, habile chimiste, se livra à l'étude du gaz produit par la combustion du bois. Cet ingénieur était

Philippe Lebon, connu dans le monde et dans sa famille sous le nom de Lebon d'Humbersin. Cet homme distingué, né à Brachay, près de Joinville, département de la Haute-Marne, le 29 mai 1767, était fils de Jean-François Lebon, riche habitant de ce petit village, ancien officier de la maison de Louis XV.

Il n'eut pas d'autre maître dans ses premières études que l'instituteur de son village ; et cependant, envoyé à Paris pour compléter son éducation, il obtint les plus éclatants succès, au milieu de condisciples formés dès leur enfance par des maîtres habiles. Bientôt il effaça tous ses rivaux. Il avait à peine vingt-cinq ans lorsqu'il fut nommé ingénieur des ponts et chaussées, d'abord à Angoulême et ensuite à Paris, où il professa la mécanique à l'École des ponts et chaussées. Il demeurait à Paris, lorsqu'à l'âge de trente ans environ il commença ses essais sur les gaz provenant de la combustion du bois.

L'invention eut lieu à Brachay, lieu de sa naissance, et chez son père, dans des circonstances qui méritent d'être connues.

Philippe Lebon, dans ce séjour à la campagne, recherchait les propriétés de la fumée. Un jour, il avait rempli une fiole de verre d'une certaine quantité de sciure de bois, et, plaçant sa fiole sur des charbons, il étudiait la fumée dégagée par son orifice. Il vit que cette fumée s'enflammait au contact d'une autre flamme, en jetant une grande et vive lumière. Ce phénomène n'était pas ignoré de la science ; mais on ne l'avait pas suivi dans son application, et surtout on ne s'était pas occupé de purifier ce gaz inflammable. La fumée dégagée immédiatement des substances combustibles laisse échapper des vapeurs noires et une odeur due à la présence de substances huileuses et de l'acide pyroligneux : il fallait la débarrasser de ces parties hétérogènes. Lebon eut la pensée de faire passer le tuyau de dégagement dans un vase rempli d'eau froide. L'eau condensait les vapeurs acides et les matières bitumineuses, tandis que l'hydrogène carboné se dégageait plus pur, et devenait utilisable. Ces procédés sont aujourd'hui si vulgaires que l'on ose à peine les signaler comme une découverte : il en a été de même des plus grandes inventions. Les sciences ont marché pendant des siècles à côté de phénomènes qui semblaient les révéler, et il a fallu le coup d'œil d'un esprit supérieur pour saisir et rapprocher des aperçus jusqu'alors négligés. Il en fut ainsi de Philippe Lebon. Dès ses premiers essais, il aperçut dans une même opération la carbonisation complète de tous les corps combustibles, la production de l'acide pyroligneux, du goudron et de la flamme qui pouvait servir aux usages de la vie, en chauffant et en éclairant. C'était toute une révolution dans l'industrie ; aussi son esprit s'exaltait jusqu'à l'enthousiasme, et l'on se rappelle encore, dans le village où se fit l'invention, le délire de sa joie : « Mes amis, disait-il aux paysans, je vous chaufferai, je vous éclairerai de Paris à Brachay. » Et les bonnes gens haussaient les épaules en disant : « Il est fou. » Cette folie était tout simplement du génie.

Il continua à la campagne ses expériences, et les agrandit. Dans la cour de son père il bâtit un petit appareil en briques. Il le remplissait de bois, et, après l'avoir fermé hermétiquement, en laissant un tuyau pour la fumée, il dirigeait ce tuyau dans une cuve remplie d'eau, où il s'élargissait de manière à former un large récipient condensateur. On allumait le feu sous l'appareil. Le bois placé dans l'intérieur se carbonisait parfaitement; la fumée parvenue à la partie plongée dans la cuve d'eau se purifiait, en abandonnant le goudron et l'acide pyroligneux ; le gaz dégagé à la sortie du condensateur donnait une lumière assez vive et assez pure pour faire espérer un succès complet après de nouveaux lavages et de nouveaux essais.

Il revint à Paris et communiqua ses idées à M. Fourcroy, qui l'engagea à persévérer dans ses études. Ses premiers grands travaux se firent dans sa demeure, rue et île Saint-Louis, en face de l'hôtel de Bretonvilliers. C'est là qu'il recevait les visites et les conseils de MM. Fourcroy, de Prony et d'autres savants de cette époque. Il fit d'énormes dépenses pour perfectionner son invention; et, en l'an VII, il se trouva assez avancé pour lire à l'Institut un mémoire que nous possédons.

L'année suivante, il demanda un brevet d'invention, qui lui fut accordé le 6 vendémiaire an VIII (28 septembre 1799). Il est inséré au *Recueil des brevets d'invention*, t. V, page 121. Ce brevet est donné pour de nouveaux moyens d'employer les combustibles plus utilement, soit pour la chaleur, soit pour la lumière, et d'en recueillir les différents produits.

Dans la description qui l'accompagne, l'inventeur fait connaître qu'on obtient « du gaz hydrogène dans un état de pureté plus ou moins grande, suivant « les moyens employés pour le purifier des acides, de l'huile et divers pro- « duits analogues aux combustibles qui se réduisent en charbon. »

Quelques mois après, le 30 messidor an VIII, il était en mesure de proposer à l'examen du gouvernement des appareils qui avaient pour résultat de chauffer plus économiquement et d'éclairer en même temps plusieurs appartements, quelle qu'en soit la distance, et de recueillir plus des trois quarts du combustible.

Il transporta alors ses appareils dans l'hôtel Seignelay, rue Saint-Domini-que-Saint-Germain, près de la rue de Bourgogne, et leur donna le nom de *thermolampes* (qui échauffent et qui éclairent). Il établit dans ce local des ateliers pour leur construction, distribua la lumière et la chaleur dans de grands appartements, dans les cours et dans de vastes jardins décorés de milliers de jets de lumière sous la forme de gerbes, de rosaces et de fleurs.

En thermidor an IX, il invita tout Paris à voir ses merveilles par un Mémoire qui est un chef-d'œuvre de science et de style. La *Gazette de France*, du 19 vendémiaire an X, contient l'annonce de ces expériences. Tout Paris accourut en effet, et nous trouvons les noms les plus illustres parmi les personnages qui vinrent admirer le thermolampe.

L'Athénée des Arts lui demanda, le 30 thermidor an XI, d'assister à sa séance, pour être présent au témoignage d'estime qu'il voulait rendre à ses talents. Des ingénieurs distingués lui adressèrent des lettres de félicitations sur sa belle découverte; et un rapport officiel, fait au *ministre de la marine par le général Saint-Haouen, déclare que les résultats avantageux qu'ont donnés les expériences du thermolampe du citoyen Lebon ont comblé et même surpassé les espérances des amis des sciences et des arts.*

On ne peut cependant pas se dissimuler que la découverte de l'éclairage par le gaz hydrogène ne fût loin d'avoir obtenu la perfection à laquelle elle est depuis arrivée. Il n'avait pas encore été possible de dégager complétement la flamme d'une odeur empyreumatique, et la lumière n'avait pas acquis, par la purification complète du gaz, le brillant que nous admirons aujourd'hui. Mais les perfectionnements arrivaient, et les autres produits de la carbonisation donnaient des avantages immenses qui auraient suffi pour assurer le succès de la découverte, abstraction faite du gaz inflammable.

Pour justifier cette dernière partie de son programme, Philippe Lebon sollicita l'adjudication d'une portion de pins de la forêt de Rouvray, près du Havre, afin de fabriquer du goudron. La concession lui fut accordé le 9 fructidor an XI, à la condition de fabriquer cinq quintaux par jour ; et la délivrance eut lieu le 1er vendémiaire an XII. Il se mit à l'œuvre immédiatement, *associé avec des Anglais,* que la paix d'Amiens, du 6 germinal an X, avait attirés en France, et que la rupture du 2 pluviôse an XI n'avait pas encore forcés de retourner en Angleterre. Ses appareils, consacrés uniquement à la distillation du bois, avaient été établis sur les lieux, dans de très-vastes dimensions, et ils livraient des quantités notables de goudron à la marine. Ils furent visités à deux reprises par les princes russes Galitzin et Dolgorowki. Après leur seconde visite, ils proposèrent à M. Lebon, au nom de leur gouvernement, de transporter en Russie son invention et ses procédés, en le laissant maître de fixer les conditions. C'était une fortune assurée ; mais son patriotisme lui fit refuser ces offres brillantes. Il répondit que sa découverte appartenait à son pays, qui seul devait profiter du fruit de ses labeurs.

Il n'était pas donné à cet homme de bien, à ce savant distingué, de recueillir le prix de ses travaux. Il était installé au Havre, près de Rouvray, avec sa femme et son fils, lorsqu'à la fin de novembre 1804 il fut appelé à Paris, comme ingénieur, pour assister aux cérémonies du sacre. Il y était seul, au comble du bonheur de ses succès, et entouré de puissants encouragements, lorsqu'une mort subite vint l'enlever à la science, à sa famille et à ses amis, le 2 décembre 1804 (11 frimaire an XIII), le jour même du couronnement de l'Empereur. Des bruits affreux circulèrent sur cet événement. On raconta qu'il avait été frappé de plusieurs coups de couteau dans les Champs-Elysées, qu'on le rapporta chez lui ensanglanté et mourant. Ce qui est certain, c'est qu'il expira avant que sa famille pût être rappelée du Havre, et que jamais on n'a pu connaître ni la cause, ni les auteurs de sa mort, si toutefois le crime ne fut pas étranger à cette catastrophe.

Philippe Lebon mourait à trente-six ans, au moment où il allait prendre un rang éminent dans la science et dans l'industrie.

C'était un homme d'un grand mérite, laborieux, et dont la facilité était extrême ; sa mémoire était prodigieuse, et il s'exprimait avec feu et avec facilité. Son front élevé annonçait le génie, ses yeux bleus et ses cheveux blonds donnaient à sa physionomie un singulier mélange de vivacité et de douceur. Sa figure régulière, un peu pâle, avait été gravée par la petite vérole. Sa taille, au-dessus de la moyenne, était légèrement courbée par l'habitude du travail sédentaire et de la méditation. Son caractère ardent, confiant, généreux, le rendait facilement victime des spéculateurs, qui abusaient de sa facilité, et malheureusement les calculs de fortune et d'avenir trouvaient peu de place dans ses illusions de science et de gloire. Sa famille l'adorait et lui reprochait cependant pour les découvertes un enthousiasme qui allait jusqu'à compromettre son bien-être matériel. Il laissait une veuve et un fils encore enfant, depuis élève de l'École polytechnique, et qui est mort officier supérieur d'artillerie, père de deux filles, maintenant mariées honorablement, mais sans fortune. L'un de ses frères, Lébon d'Embrout, avait péri au siége de Lyon, aide de camp du général Précy. Un autre, resté dans le pays natal, avait eu des enfants qui existent encore. L'auteur de cette notice est fils de l'une de ses deux sœurs.

La veuve de M. Lebon restait avec un fils mineur et sans fortune, car son patrimoine avait été compromis et presque anéanti par des essais et des expériences de six années. Un associé infidèle fit disparaître les bénéfices déjà obtenus sur l'exploitation de la forêt de Rouvray. L'opération fut abandonnée, et sa famille resta sans ressources, exposée aux poursuites du Domaine, pour une somme de 8,000 fr. due sur le prix de la concession.

Mme Lebon s'arma de courage, elle chercha à conserver les travaux de son infortuné mari. Elle reçut même du ministre de la marine, à la date du 16 messidor an XIII, une lettre qui lui annonçait l'intention de faire *établir un thermolampe au Havre, aux frais du gouvernement, dans le cas où la dépense serait reconnue peu considérable, pour favoriser, dans l'intérêt public, une invention qui commençait à se répandre.* Ces offres restèrent sans résultat, et le sort de la découverte pouvait se trouver compromis, ou du moins compromis pour la France.

Mais cette femme, dont l'intelligence égalait l'énergie, se mit elle-même à l'œuvre, aidée de quelques personnes sur la fidélité desquelles elle avait cru pouvoir compter. En 1811, six ans après la mort de M. Lebon, elle loua, rue de Bercy, n° 11, dans le faubourg Saint-Antoine, une maison avec une cour et un jardin ; elle y établit un thermolampe, décora de jets de lumière les appartements, les cours et les jardins, à peu près comme elle avait vu son mari décorer et échauffer, en vendémiaire an X, l'hôtel de la rue Saint-Dominique. Elle appela le public à venir de nouveau admirer les merveilles de l'éclairage et du chauffage par le gaz hydrogène.

En 1811, comme en l'an X, l'invention reçut les plus honorables approbations.

Le 1er février 1811, le *Courrier de l'Europe* rapporte *que, le 22 du mois de*

janvier, le prince Repnin, accompagné de plusieurs personnes de haute distinc-
tion, a honoré de sa présence pour la troisième fois les travaux de Mme *Lebon*
sur l'éclairage au moyen du gaz hydrogène, porté par cette dame au plus haut
point de perfection. S. A. ayant témoigné ensuite le désir de voir une épreuve de
simple carbonisation, Mme *Lebon s'est empressée de la satisfaire... Le prince a été*
entièrement satisfait.

Le 10 février 1811, la Société d'encouragement avait annoncé, par le *Mo-*
niteur, qu'elle proposait un prix de 1,200 fr. pour des expériences faites en
grand sur les divers produits de la distillation du bois. C'était un appel fait
à l'une des moindres parties de l'industrie développée par l'invention du thermolampe ; cependant cette partie seule excitait puissamment l'intérêt d'un
corps savant. Mme Lebon s'empressa de répondre. Le 29 avril 1811, elle remit
à la Société un Mémoire remarquable sur la distillation du bois et des houilles,
d'après les procédés de son mari, tout en réservant les principaux avantages
du chauffage et de l'éclairage.

M. Darcet fut chargé par la Commission d'apprécier les travaux de Mme Lebon. Son rapport est une constatation des services rendus par M. Lebon
à l'industrie et à la science. « Le Conseil, dit-il, a entre les mains une foule
« de pièces qui prouvent bien authentiquement l'application en grand du
« thermolampe de M. Lebon.....

. « Nous savons, 1° avec quel succès les Anglais ont appliqué chez eux l'heu-
« reuse idée qu'a eue M. Lebon de faire servir à l'éclairage le gaz hydrogène,
« qui se dégage pendant la conversion du charbon de terre en coke. Ce pro-
« cédé si économique est appliqué dans un grand nombre de fabriques an-
« glaises, et il paraît même que l'on commence à en faire usage pour éclairer
« les rues de Londres, et pour l'éclairage des phares et fanaux. Il est donc
« hors de doute que M. Lebon est l'inventeur de ces nouveaux procédés ;
« 2° que les mêmes procédés sont aujourd'hui portés, en Angleterre, au plus
« haut point de perfection, et que sous ce rapport il ne reste rien à chercher ;
« 3° qu'il ne faut plus, en France, que les appliquer en grand pour en retirer
« les mêmes bénéfices que les Anglais en retirent. »

Ainsi, à l'occasion du prix proposé pour la distillation du bois, le savant
membre de l'Institut avait examiné tout ce qui se rattachait à cette invention,
et ne balançait pas à constater les titres de Philippe Lebon comme inventeur.

Le Conseil d'administration de la Société proposa de décerner le prix à
Mme Lebon, et demanda en outre que les services rendus par M. Lebon à notre industrie et la *position malheureuse de sa famille fussent mis sous les yeux*
de Son Excellence le ministre de l'intérieur, pour lui faire obtenir la bienveil-
lance du gouvernement, et pour la mettre à portée de pouvoir solliciter l'appli-
cation en grand de ses nouveaux moyens d'éclairage.

Le 4 septembre, l'assemblée générale ratifia la proposition de la Commission, et le prix fut donné à Mme Lebon.

M. le baron de Gérando, en rendant compte à l'Assemblée de diverses questions mises au concours, s'exprima ainsi :

« La carbonisation du bois au moyen de la distillation en vaisseau clos, et
« l'idée ingénieuse d'appliquer à l'éclairage le gaz hydrogène carboné qui se
« dégage avec abondance dans cette opération, ont eu l'une et l'autre leur
« origine en France, et c'est un fait qu'il importe de rappeler, de consacrer
« même en quelque sorte, aujourd'hui que cette découverte a reçu chez les
« nations étrangères un développement assez remarquable. Les thermolampes
« de M. Lebon excitèrent à Paris la curiosité publique. Vous avez voulu rap-
« peler l'attention et les recherches sur les résultats qu'on peut attendre de la
« distillation du bois ; et si vous vous félicitez de voir que le prix que vous
« avez proposé est obtenu, vous ne jouirez pas moins de penser que ce prix
« est obtenu précisément par la veuve du premier inventeur, qui malheureu—
« sement survécut peu à sa découverte. Ainsi, en honorant la mémoire d'un
« artiste qui n'est plus, vous rétablissez le génie de l'industrie française en
« possession d'une découverte qu'on semblait vouloir lui disputer. »

Ce rapport est inséré au *Moniteur* du 18 septembre 1811.

Nous venons de dire que la Société d'encouragement avait voulu que les services rendus à l'industrie par M. Philippe Lebon fussent mis sous les yeux du ministre de l'intérieur, afin de faire obtenir à la veuve la bienveillance du gouvernement, et la mettre à portée de pouvoir solliciter l'application en grand de ses nouveaux moyens d'éclairage.

Trois mois après, le ministre de l'intérieur, M. de Montalivet, adressait à Mme Lebon un décret du 21 décembre, qui lui accordait une pension viagère de 1,200 fr. « M. Lebon, disait le ministre, a enrichi les arts d'une découverte
« d'un grand intérêt ; il m'a été agréable d'appeler l'attention de Sa Majesté
« sur ses services et de la prier de faire jouir la veuve d'une récompense qu'il
« méritait à tant de titres. »

Le décret porte en effet ces mots : *Il est accordé une pension viagère de 1,200 fr. à Françoise-Thérèse-Cornélie de Brambilla, veuve du sieur Lebon, inventeur du thermolampe.*

La veuve de Philippe Lebon n'a pas joui longtemps de cette pension. Elle est morte en 1813. Dès 1811, trompée par des hommes qui lui avaient offert leurs dangereux services, elle avait été obligée d'abandonner les travaux de son mari.

On a vu dans les rapports de MM. Darcet et de Gérando à la Société d'encouragement, que l'invention avait été portée en Angleterre. Voici ce qui s'était passé.

En 1805, M. Lebon, ainsi que nous l'avons déjà dit, exploitait au moyen de son brevet la forêt de Rouvray. Après sa mort l'usurpation de ses droits avait été tentée inutilement en France, car le brevet de l'an VIII (1799), obtenu pour quinze ans, protégeait les héritiers jusqu'en 1814 ; mais rien ne pouvait empêcher l'exportation en Angleterre. L'industrie anglaise perfectionna même les procédés : c'était cependant toujours l'invention de la distillation des matières combustibles, principalement du bois et de la houille en vases clos ; la décomposition de la fumée ; la précipitation des matières grasses et terreuses ; enfin, l'emploi du gaz au chauffage et à l'éclairage ; en un mot, suivant les rapports si décisifs de MM. Darcet et de Gérando, c'était l'invention de M. Lebon, dont les procédés avaient été conduits à un certain point de perfection que le temps et l'expérience devaient nécessairement amener.

En 1814, les quinze années du brevet expirèrent, la veuve de M. Lebon venait de mourir ; son fils, encore mineur, sortait de l'Ecole polytechnique. La paix de 1814 avait ramené les étrangers en France ; ils réimportèrent l'invention de l'éclairage par le gaz hydrogène, comme invention anglaise, et ils ne craignirent pas de se faire délivrer, en 1815, un brevet d'importation.

Le fils de M. Lebon, officier d'artillerie, était éloigné de la capitale et en garnison à Toulouse. Rien n'avait pu l'avertir de cette usurpation, lorsqu'en 1822 éclata un procès entre un sieur Windsor, qui avait obtenu le brevet d'importation, et la Compagnie Manby et Wilson, qui exploitait l'éclairage par le gaz hydrogène comme propriété tombée dans le domaine publique. Une note insérée au *Journal des Débats* du 18 juin 1823 fit connaître le nom du véritable inventeur, M. Philippe Lebon. *Une partie de Paris*, dit le journal, *est éclairée par le gaz ; de nombreuses fabriques d'acide pyroligneux et de goudron s'établissent dans les environs de la capitale ; la France s'enrichit de la découverte, mais elle a consommé la ruine de son auteur* : SIC VOS NON VOBIS.

Le sieur Windsor osa réclamer contre cette note, dans le même journal du 9 juillet suivant.

« Il n'est pas exact, disait-il, de prétendre que les premières indications de
« la possibilité de l'éclairage par le gaz aient été données par M. Lebon ; elles
« l'ont déjà été, il y a plus d'un siècle, par plusieurs chimistes habiles de
« l'Angleterre. Il n'est pas non plus exact de dire que les procédés actuelle-
« ment employés soient dus à M. Lebon ; et je les revendique, comme en étant
« l'unique auteur. En 1815, on était loin encore, en France, d'avoir adopté
« l'éclairage par le gaz, à la manière de M. Lebon. »

Que des industriels étrangers soient venus exploiter en France l'invention de M. Lebon, qu'ils aient même prétendu avoir amélioré les moyens de fabrication du gaz, c'était leur droit, puisque le brevet de l'an VIII n'existait plus, et que, d'ailleurs, toutes les inventions se perfectionnent par l'expérience ; mais que l'on ait été jusqu'à disputer à un Français, à M. Philippe Lebon, la gloire de l'invention, voilà ce qu'il est impossible de comprendre.

Depuis un siècle, dit-on, les premières indications de la possibilité de l'éclairage par le gaz ont été données par des chimistes habiles. Sans doute, M. Lebon n'a pas découvert la propriété inflammable de certains gaz, pas plus qu'il n'a découvert le gaz hydrogène carboné ; mais ce qu'il a fait entrer dans le domaine des arts et de l'industrie, c'est la distillation des matières combustibles, leur parfaite carbonisation en vases clos, la décomposition de la fumée pour en extraire les parties solides, liquides et gazeuses, la purification du gaz hydrogène et son emploi, non-seulement pour l'éclairage, mais pour le chauffage. C'est là ce que personne n'avait imaginé avant lui, et ce qui lui assure à jamais la gloire d'une utile et grande découverte.

Si des industriels anglais avaient dû à leurs savants chimistes ces heureuses applications, comment, en l'an XI, ceux qui avaient suivi les expériences de M. Lebon seraient-ils restés tranquilles spectateurs de ces expériences? Comment la Russie lui aurait-elle fait transmettre par les princes Galitzin et Dolgorowki des offres magnifiques qu'il rejetait? Comment les spéculateurs anglais n'en auraient-ils pas profité pour eux-mêmes? Comment auraient-ils attendu la mort de M. Lebon pour transporter ses procédés en Angleterre, et pour les répandre dans ce pays? M. Windsor, dans la note insérée au *Journal des Débats* du 9 juillet 1823, dit *avoir été l'un des premiers, dès 1802 (an XI), à rendre un tribut d'éloge à M. Lebon.* Aurait-il été apprendre de lui ce qu'il avait appris dans son pays? Mais cette révélation est précieuse : il en résulte que, dès l'an XI, M. Lebon l'avait initié à ses travaux. D'après lui-même, il porta cette industrie en Angleterre, et il la réimporta en France en 1815, c'est-à-dire après la mort de M. Lebon et l'expiration du brevet.

Il réimportait donc en France ce qu'il avait pris à M. Lebon et à la France.

Avons-nous besoin de nouveaux efforts pour démontrer ce qui a été si solennellement reconnu par les rapports de MM. Darcet et de Gérando, par le décret de l'Empereur du 21 décembre 1811, et surtout par le brevet d'invention de l'an VIII, et par le Mémoire qui l'accompagne? Les procédés se sont améliorés, ils ont même une perfection que n'avaient pas ceux de Windsor en 1815; et, selon toutes les apparences, la science et l'industrie, sur ce point comme sur tous les autres, feront encore de nouveaux progrès ; mais les étrangers et M. Windsor n'ont pas pu, en 1815, disputer à M. Philippe Lebon la gloire de l'invention, pas plus que ne le pourraient et ne le voudraient aujourd'hui les hommes habiles et honorables qui exploitent cette découverte, et entre les mains desquels elle est si dissemblable de ce qu'elle était en l'an IX ou même en 1815.

Ce qui prouve mieux que toute discussion l'étendue des vues de cet homme de génie, lorsqu'il publia, en l'an VIII, le résultat de ses travaux, c'est qu'il indiqua des conséquences qui n'ont même pas encore aujourd'hui reçu le développement qu'il avait aperçu : nous voulons parler de l'emploi du gaz au chauffage. Ses appareils reçurent de lui le nom de *thermolampes,* c'est-à-dire, qui chauffent et qui éclairent ; son brevet, le Mémoire descriptif dont il est accompagné, et le Mémoire lu par lui à l'Institut, en l'an VII, attestent que le *chauffage en grand pour les usines et pour les usages domestiques* était l'une de ses principales pensées ; nous avons même dit qu'en l'an VIII, il présenta au gouvernement un appareil destiné spécialement au chauffage. Or, cette partie de ses vastes conceptions, restée, pendant plus de cinquante ans, à peu près sans application, a enfin été saisie depuis quelques années en Angleterre. À Londres, un grand nombre de fabriques confectionnent aujourd'hui d'innombrables appareils pour le chauffage des maisons, des ateliers et des établissements publics. A Liverpool, la consommation du gaz employé au chauffage dépasse, dit-on, la consommation du gaz destiné à l'éclairage.

En France, ce pays si intelligent, si industriel, et cependant si lent à accueillir dans la pratique des idées nouvelles, il ne s'est pas encore trouvé un homme assez entreprenant pour exploiter les idées développées par M. Philippe Lebon, et qu'il allait mettre en pratique, si une mort funeste ne l'avait enlevé à son pays.

A la vérité, au moment où nous écrivons, l'industrie paraît se préoccuper de ce nouveau point de vue de l'invention. Une demande a été présentée à M. le préfet de la Seine au mois de septembre 1853, pour obtenir le chauffage au gaz des établissements publics, et pour satisfaire aux demandes des particuliers ; cette demande, formée par une Société d'hommes graves et honorables, offrait le gaz à 15 et 24 centimes le mètre cube. D'autres hommes habiles s'occupent de développer cette idée ; mais rien n'est encore mis en pratique. Si les prix sont exactement calculés, ils présentent une grande économie sur l'emploi des combustibles ordinaires ; et l'emploi du gaz au chauffage donne d'immenses avantages, par la suppression de la fumée, par l'instantanéité de l'allumage, par la facilité de modérer ou d'éteindre la flamme à sa volonté. Nous ne pouvons pas insister sur ces réflexions : nous voulons seulement faire comprendre la grandeur des conceptions d'un homme de génie, qui d'un premier coup d'œil voyait, il y a cinquante ans, toutes les conséquences de son invention, et mettait en pratique ce qui n'a pu être élaboré que par un demi-siècle de tâtonnements et d'hésitations.

Malgré cette évidence des titres de M. Lebon à la reconnaissance publique, les usurpateurs de sa découverte firent insérer dans le journal *le Temps*, au mois de février 1838, un nouvel article, où ils assuraient que les premiers essais faits par M. Lebon n'avaient pas été satisfaisants : son fils vivait alors. Il fit une réponse catégorique, que ce même journal accompagna de réflexions justes et concluantes sur le sort des hommes de génie, qui dotent leur pays des plus belles inventions. « Quelles réflexions amères, dit le journaliste, ne « naissent pas à la lecture de la lettre de M. Lebon fils! Lebon n'a été jugé « digne que d'une récompense décernée par une société particulière ! Sa veuve « obtint, il est vrai, une modique pension ; mais son fils est privé à tout jamais « des fruits d'une découverte qui a fait la fortune de milliers d'hommes..... « Lebon d'Humbersin ne laisse à sa famille que son nom. C'est quelque chose, « sans doute, que ce nom célèbre, et la gloire peut suffire à ses enfants, mais « est-ce assez pour le pays ? Nous ne le pensons pas, etc. »

Un autre journal, *le Courrier de la Moselle*, du 17 janvier 1838, reproduisait la lettre de M. Lebon fils, et l'article du *Temps*, en exprimant son indignation contre les tentatives faites pour enlever à Philippe Lebon et à la France la gloire de l'invention.

Ces protestations et ces preuves n'empêchèrent pas les amis de Windsor de faire graver sur son tombeau, quelque temps après, qu'il était l'inventeur de l'éclairage par le gaz hydrogène. Cette épitaphe mensongère peut se lire encore aujourd'hui, au cimetière du Père-Lachaise..., et Philippe Lebon n'a pas même un tombeau.

Telle est la destinée des inventeurs et des hommes de génie. Ils sacrifient à la science, leur fortune, leur existence et l'avenir de leurs familles. Et, lorsque le ciel leur a donné une de ces pensées fécondes qui enrichissent leur pays, on leur dispute jusqu'à leur gloire ; ils meurent dans l'indigence, et leurs enfants peuvent à peine ressaisir l'héritage d'honneur qu'ils ont laissé.

C'est ce qui est arrivé à Philippe Lebon. Sa fortune entière a disparu dans les essais faits pour arriver à sa découverte ; le mystère de sa mort, à trente-six ans, n'a pas été pénétré, et son fils, élevé à un rang militaire honorable, est mort laissant à ses deux filles une glorieuse pauvreté.

C'est un martyr de plus à compter parmi ceux qui ont enrichi leur pays de leurs inventions.

Du moins qu'il nous soit permis de revendiquer pour sa mémoire et pour sa famille un stérile honneur. Notre pays même est intéressé à ne pas l'abandonner ; car si nous devons à la patrie notre intelligence et notre vie, la patrie est solidaire de la gloire de ses enfants.

(Extrait du journal L'INVENTION.*)*

TYPOGRAPHIE DE HENNUYER, RUE DU BOULEVARD, 7, BATIGNOLLES.
Boulevard extérieur de Paris.

www.ingramcontent.com/pod-product-compliance
Ingram Content Group UK Ltd.
Pitfield, Milton Keynes, MK11 3LW, UK
UKHW020920140726
13695UKWH00006B/2626